一本探索数学之美的涂色书

美丽数学

PATTERNS OF THE UNIVERSE

A COLORING ADVENTURE
IN MATH AND BEAUTY

亚历克斯·贝洛斯
埃德蒙德·哈里斯 著

王作勤 译

中国科学技术大学出版社

安徽省版权局著作权合同登记号：第12161626号

Patterns of the Universe : A Coloring Adventure in Math and Beauty, © 2015 Alex Bellos. Illustrations © 2015 Edmund Harriss. All rights reserved including the rights of reproduction in whole or in part in any form.
The simplified Chinese edition for the People's Republic of China is published by arrangement with Alex Bellos Ltd. c/o Jacklow & Nesbit (UK) Ltd, London, UK.
© Alex Bellos Ltd. c/o Jacklow & Nesbit (UK) Ltd & University of Science and Technology of China Press 2016
This book is in copyright. No reproduction of any part may take place without the written permission of Alex Bellos Ltd. c/o Jacklow & Nesbit (UK) Ltd and University of Science and Technology of China Press.
This edition is for sale in the People's Republic of China (excluding Hong Kong SAR, Macau SAR and Taiwan Province) only.
此版本仅限在中华人民共和国境内（不包括香港、澳门特别行政区及台湾地区）销售。

图书在版编目（CIP）数据

美丽数学：一本探索数学之美的涂色书/（英）亚历克斯·贝洛斯，（英）埃德蒙德·哈里斯著；王作勤译. —合肥：中国科学技术大学出版社，2016.8（2021.5重印）
书名原文：Patterns of the Universe : A Coloring Adventure in Math and Beauty

ISBN 978-7-312-04036-8

Ⅰ.美… Ⅱ.①亚… ②埃… ③王… Ⅲ.数学-美学-普及读物 Ⅳ.O1-05

中国版本图书馆CIP数据核字（2016）第172086号

出版　中国科学技术大学出版社
　　　安徽省合肥市金寨路96号，230026
　　　http://press.ustc.edu.cn
印刷　合肥市宏基印刷有限公司
发行　中国科学技术大学出版社
经销　全国新华书店

开本　889 mm × 1194 mm　1/12
印张　12
字数　100千
版次　2016年8月第1版
印次　2021年5月第7次印刷
定价　46.00元

前　言

　　数学是永恒之真理与抽象之完美的世界。探索其超然之美可谓是一种心灵上的体验。

　　本书既是数学探索者的图鉴，也是能舒缓身心的练习册，旨在通过引人深思的着色体验，带给人们感悟与启迪。

　　这些图案不仅精美漂亮，而且还解开了人类理性探索了至少三千年的秘密。数学就是理解宇宙中的图案的最纯粹形式的一种探索。

　　本书不需要也不假定任何数学知识。但实际上在你选择要用的颜色时，你将会使用到你的数学直觉并使其增强。

　　本书分为两部分：着色与创作。前者给出了用于着色的完整图案；后者给出了需要遵循的简单规则，以便读者可以创造出自己的图案。如果读者对图案的设计感兴趣，我们也给出了简单的解释。当然我们也欢迎读者自行探索图案。

　　逃离到数字王国，放松，专注，欣赏美景吧。

曼 陀 罗
一种具有佛教与印度教象征意义的几何构图

冥想图

　　最著名的且几何上最复杂的印度教曼陀罗：九个互锁的三角形，中间有一个点，即**神性点**。该冥想图有很多超自然解释，用于冥想和敬神。唵。

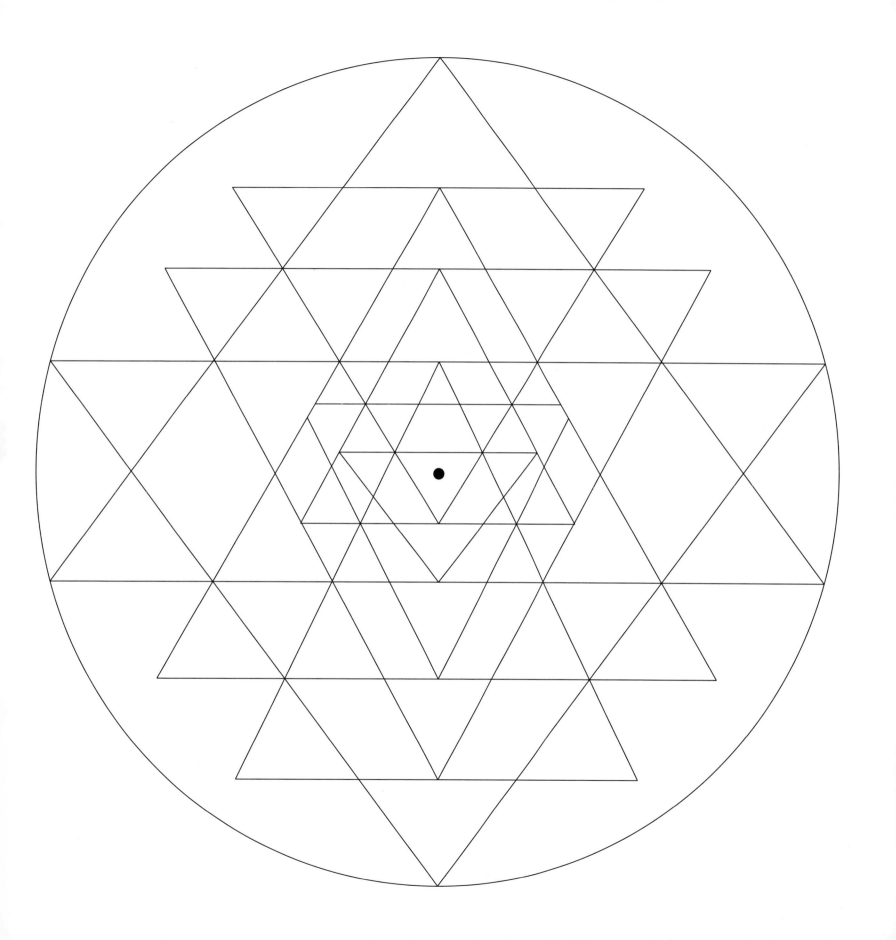

泰森图
用直边把平面划分成诸多胞腔

1908年，乔治·泰森写了一篇关于晶体几何的论文。在文中他描述了一种现如今被称为泰森图的图案。下面是构造该图的前三步。下一页可以看到最后一步……

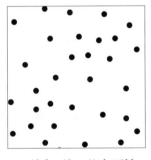

首先，从一些点开始。

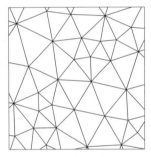

接下来，将每个点连到跟它直接相邻的点，便得到一个三角形网格。

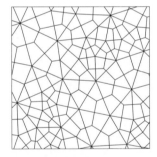

然后将每个点置于其自身的胞腔中，使得这些胞腔的边界都是这样一些直线段：它们恰好位于相邻点的正中间，且垂直于相应的三角形的边。

藤壶

在第三步，图案给人一种结构性的、带甲壳的感觉。

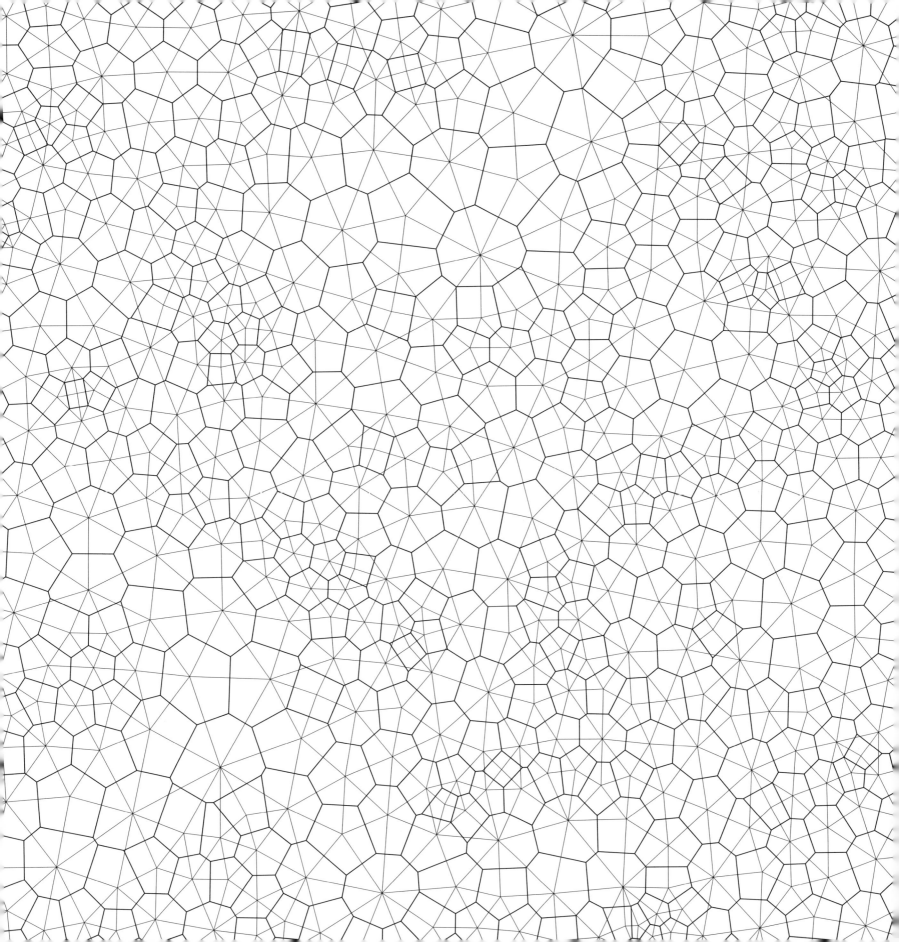

气泡

第四步是去掉那些三角形和点,显露出泡状的几何肥皂泡,即最终的泰森图。

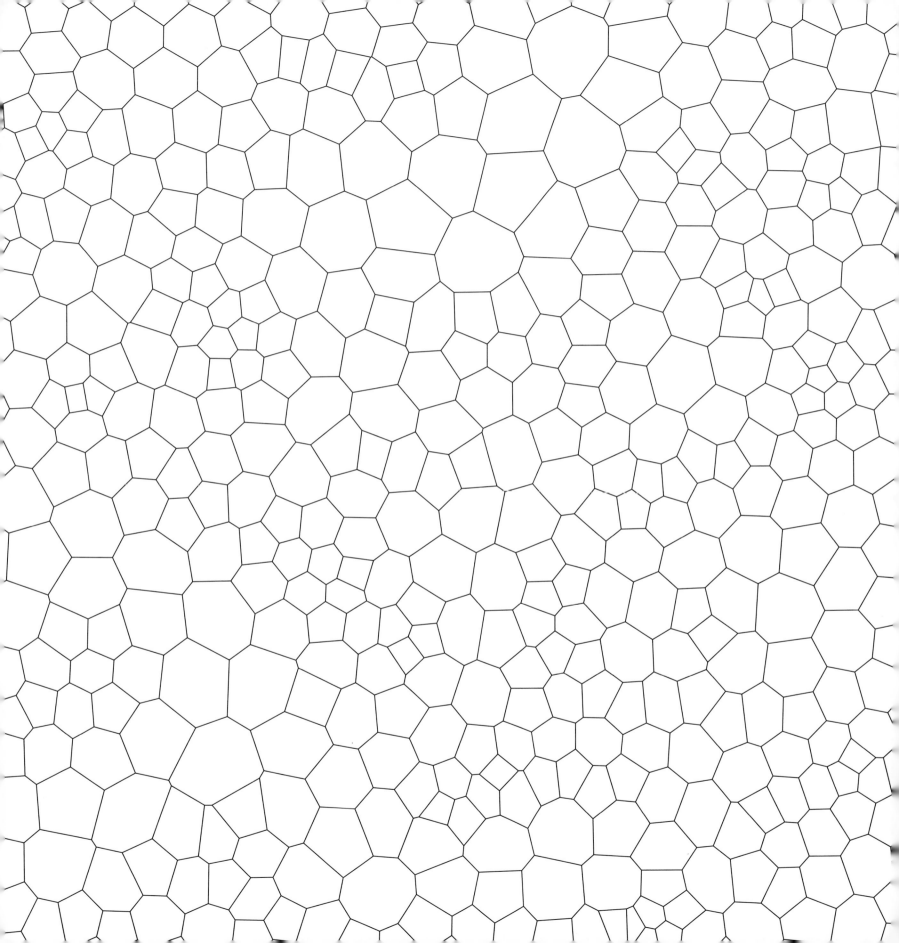

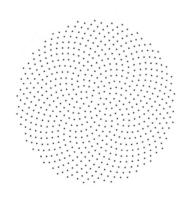

向日葵

不像前面那个由随意放置的点生成的泰森图,这个图是由上面这个向日葵螺旋状的点阵生成的。

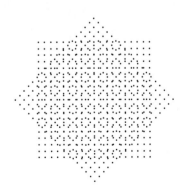

星星

上面这个八点星阵给了我们这个泰森图。

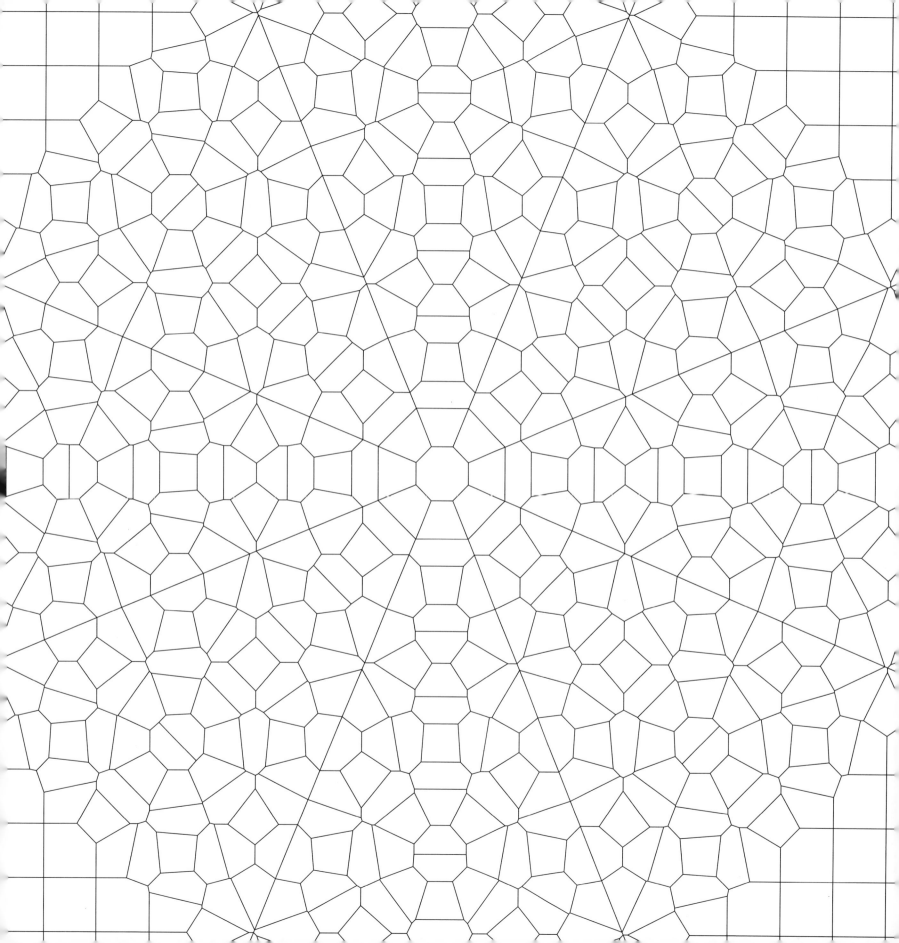

变 换
一幅图变换成另一幅图

回旋这个世界

你从北极点开始朝南走,同时以一个稳定的角速度向东转。你的路径将会以螺旋状盘绕地球,且最终在某一时刻到达南极。这个图案是地球的地图,其中两个黑点是南北极点,而这些曲线则是20条朝向东南固定方向的螺旋状路径,外加10条朝向与之垂直的西南方向的螺旋状路径。三维螺旋就这样被变换到了二维页面上。如果你仔细观察这幅图像,就会发现这张地图保持角度不变——就像在地球上一样,这些线仅仅相交成直角。

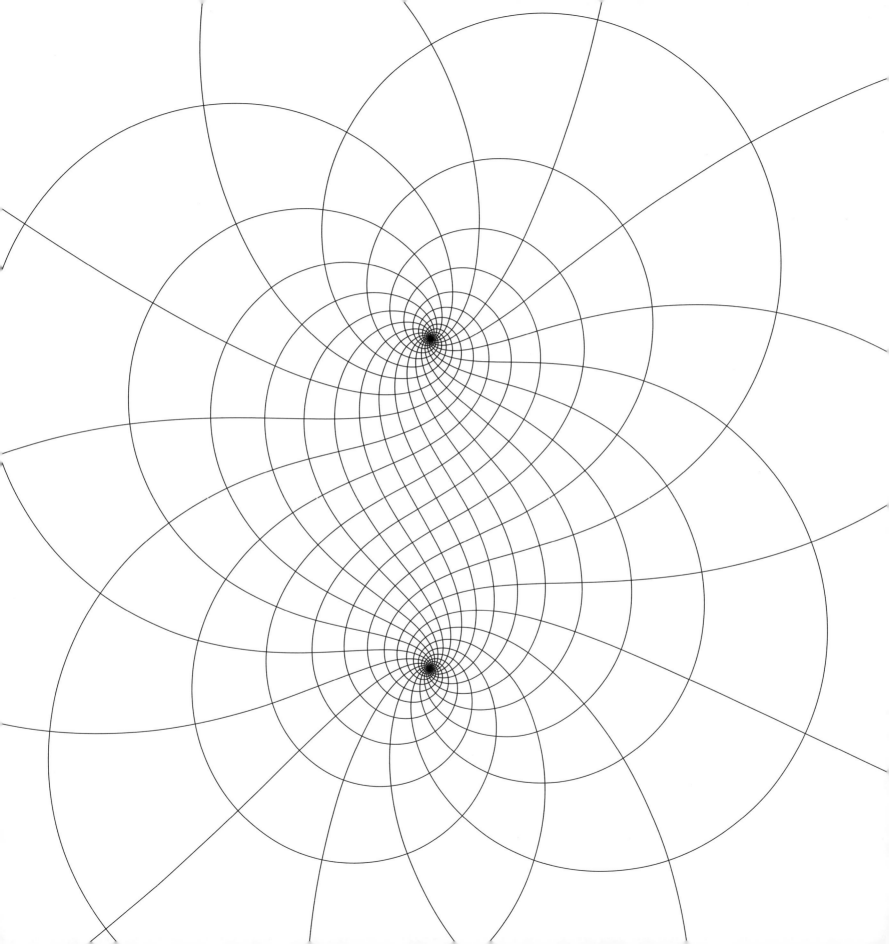

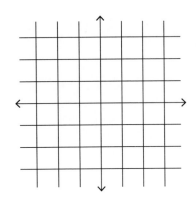

弯曲的栏杆

起始的图案可视为监狱栏杆：一个由水平线和竖直线均匀相隔地排列在一个图里组成的网格。想象一下折弯的金属。每条竖直线被变换成了一个相切于中心点且被横轴一分为二的圆，而每条水平线则被变换成了一个相切于中心点且被竖轴一分为二的圆。对于那些熟悉复数——呃！它们太复杂以至于无法在这么短的篇幅里面描述——的读者而言，该变换将复平面中的每个点 z 变成它的逆 $1/z$。

小傅里叶 1

想象一下太平洋群岛有八个微型岛屿，呈圆形排列。这个图可以视为环绕它们流动的水波图案。它是通过对八点圆圈应用**傅里叶变换**得到的。这个由约瑟夫·傅里叶在1822年发现的变换，构成了我们对水波的数学理解的基础。

小傅里叶 2

另一个傅里叶变换,是从14个"岛屿"开始的。其结果令人想起了部落艺术。

流动的水波

这些风平浪静的流向来自于一个众所周知的极不平静的数学领域——微积分,这是很多学生发现数学突然变难的地方。微积分是运动与变化的数学。每条线都是同一个方程在不同初始值下的解。变元之变化率间的相互依赖性自然产生了流动的水波。

倾泻的水波

另一个源于微积分的美丽图案，像前一个图案一样，也是用埃德蒙德所教课程里的一个方程生成的。

解读正弦

一个用瓦平铺的屋顶?不,它是数学海洋的浪峰。上面的曲线是一条正弦曲线,或者说正弦波,它是波的最简单形式。在右边,大量正弦波由近而远向后退去。

绶带

一族曲线,每一条都是由同一个公式使用不同的输入值而生成的。效果就是无论在水平方向还是在竖直方向都出现了正弦状的波。

亮斑

一个由斑点组成的正方形网格变换成了一个波涛汹涌的、带圆点花纹的薄片。对于那些想要在家里尝试此图的读者,这个图是这样来的:将原来网格里的每个点 (x, y) 移动到新的点 $(1.5x + \sin y, 1.5y + \sin x)$。

更多亮斑

下面又有两个始于前面那个简单圆形斑点网格的映像。新的x和y位置是由多项式方程和三角函数的混合定义而成的。

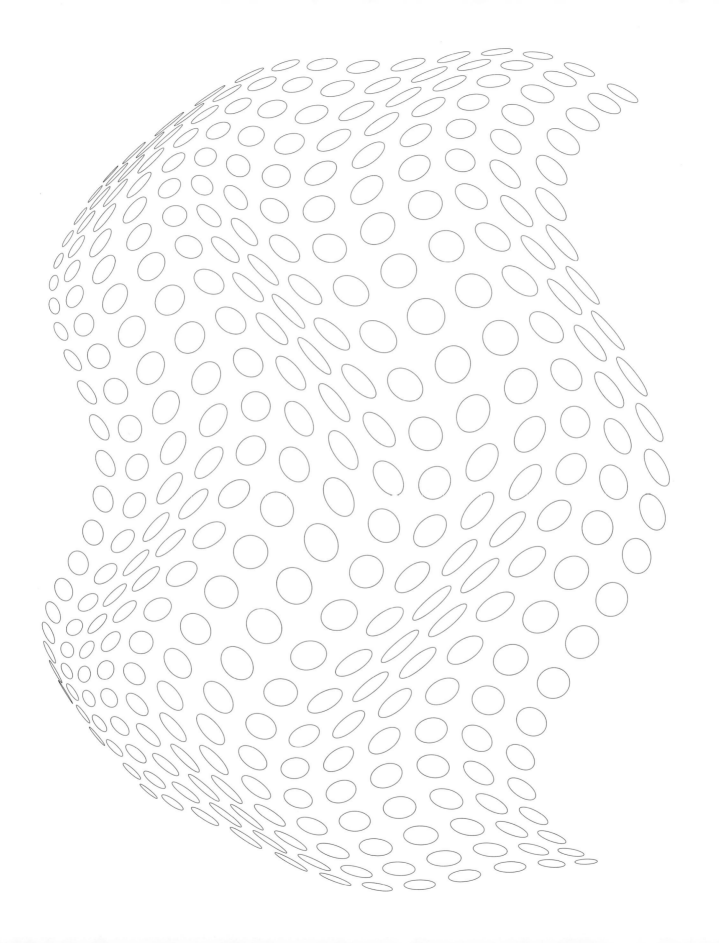

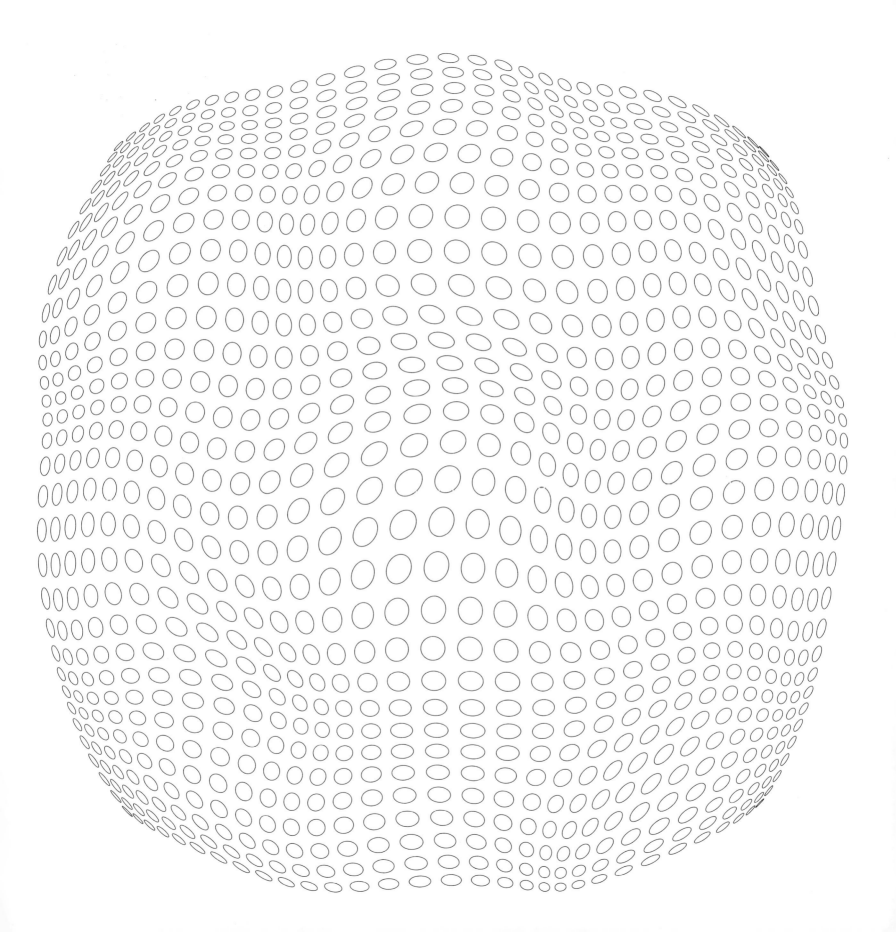

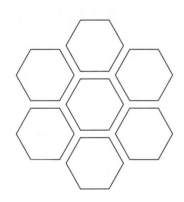

性感的六边形

用与前面图案中的斑点类似的方法,变换一个由六边形组成的六边网格。

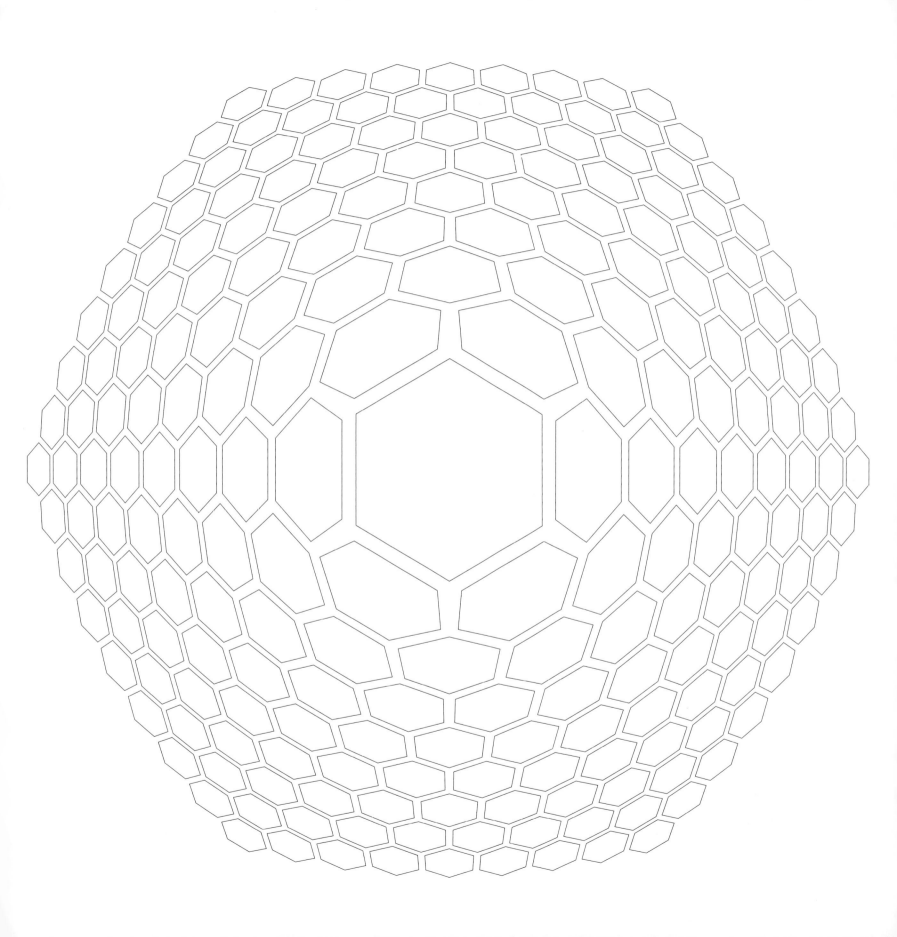

分　形

展现自相似的图案，即在更小的尺度下
该图案跟自身重复

芒德布罗集

　　详细的芒德布罗集，该分形是以在20世纪70年代研究它的法国数学家伯努瓦·芒德布罗命名的。如果你要在这些错综复杂、歪歪扭扭的线上任何一点附近放大该图，这张精致繁复的图案将会无限再现。

茹利亚集

此图以加斯东·茹利亚命名，因为这位法国数学家在1910~1919年发展的理论最终促使了这类分形的产生。它是用跟芒德布罗集类似的方法构造的。

科赫雪暴

瑞典数学家海里格·冯·科赫于1904年绘制了他的雪花图,这是最早被描述的分形形状之一。这里的规则是把每条线段 —— 替换成折线 ⋀ ,如上图所示。

如果你从一个三角形开始,将会得到一个六角星。后面接着的是下面三步。右边,几个科赫雪花组合在一起了——这是一个数学雪暴!

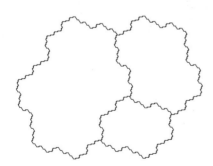

罗兹分形

这张图里的铺砖出现了三种不同的尺寸,但它们都有同样的形状。事实上,你可以用3,5,9,17,31,57,105,193,355,或者(像此处一样)653块铺砖,把它们放在一起拼成图案完全相同的更大版本。热拉尔·罗兹于1981年发现了这种铺砖。其边界看起来很模糊,因为它们有无穷多的扭动。

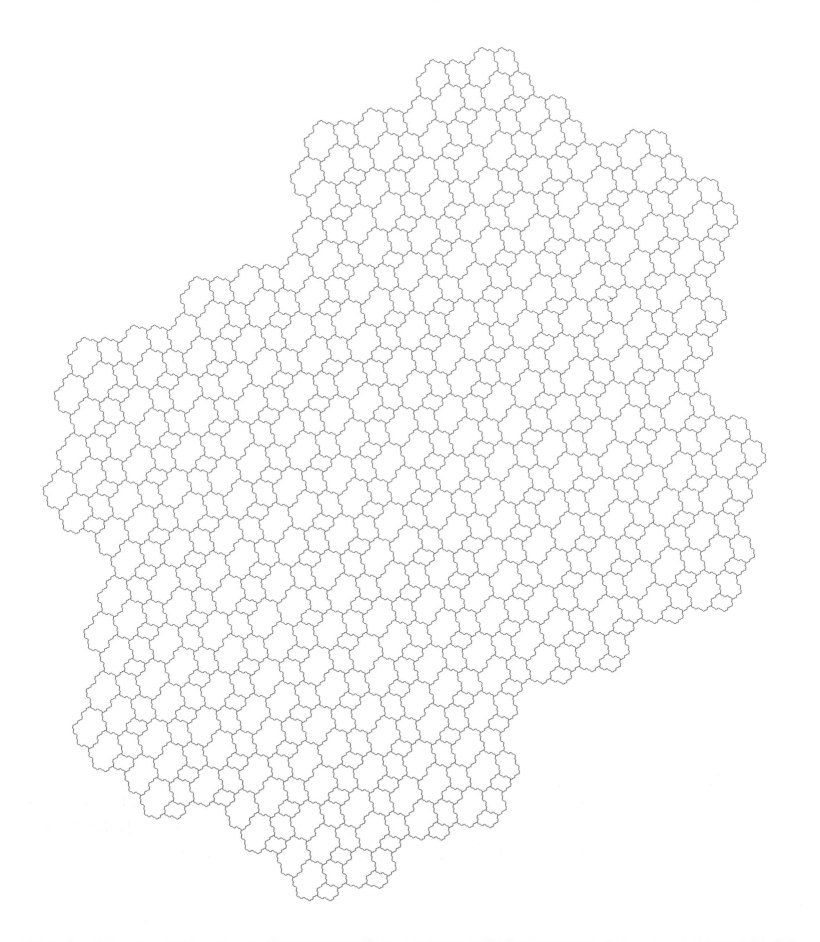

罗兹平行四边形

这是罗兹分形的直线等价物，其中每种尺寸的铺砖被换成了不同形状的平行四边形。读者可以视之为一个三维图案。想象一个由一行行一列列小立方体构成的方块。用一个平直的平面沿对角线切入该方块，将方块分成 A 部分和 B 部分。如果你把所有完全位于 A 部分里面的立方体移走，剩下的立方体看起来就像这一样。

螺旋状花朵

　　罗伯特·法索尔是一位成了数学艺术家的前火箭科学家。他的标志性风格之一是探索怎样把具有同样形状但尺寸一直在变化的铺砖拼在一起。他的网站是www.mathartfun.com。

分形铺砖

这是由罗伯特·法索尔设计的另一种分形。

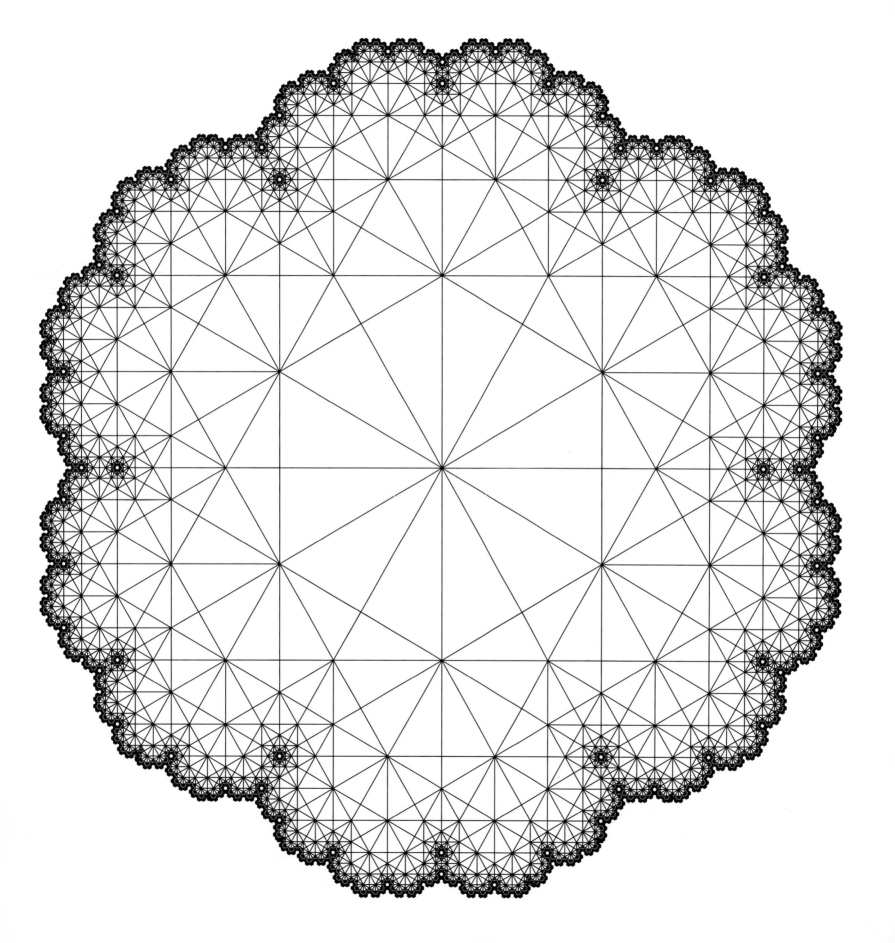

周 期 平 铺
平铺是一种既无缝隙又无重叠的铺砖排列方式

周期平铺具有重复的图案。想象把一张纸平放在该平铺上，在纸上临摹出该图案。若你能将纸移到另一个位置，并使得该复制图依然跟原图完美吻合，那么该平铺就是周期的。下面这些例子中仅仅使用了一种铺砖形状。

互锁鸟群

该平铺不仅仅是周期的，而且是**旋转对称**的。例如，如果你将图案绕着任意一个两鸟腹部接触点旋转180°，旋转后的图案将和原图完全一致。每只鸟的轮廓上还有三个点可以使得上述性质成立，你能找到它们吗？此图是由大卫·贝利提供的（www.tess-elation.co.uk）。

嵌套鱼

这些鱼是用不同类型的对称性平铺的。如果你将此图案沿竖直方向翻转一下，使得右边变成左边而左边变成右边，然后将所得图案向上或向下移动一行，新图案就跟原图案一模一样。此图也是由大卫·贝利提供的（www.tess-elation.co.uk）。

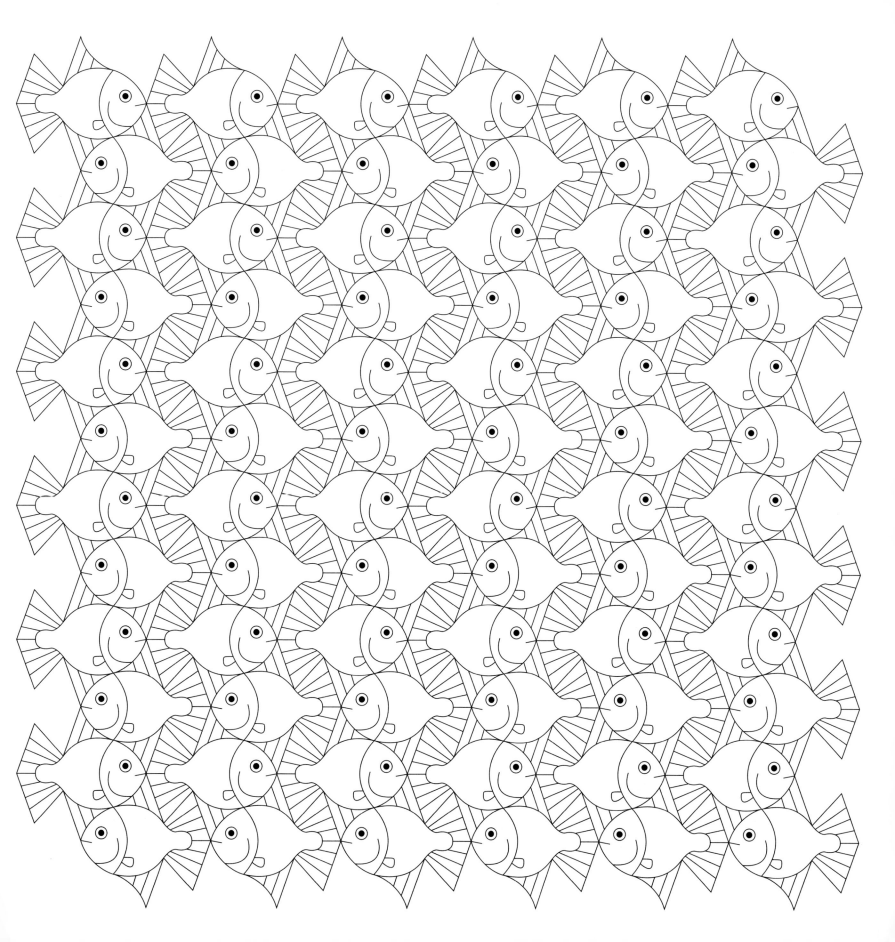

隐匿的兔子

　　此图是由山姆·克尔提供的。他是一个英国平面设计师，曾为包括Marwood和Paul Smith在内的服装品牌创作对称平铺图案。他的网站是www.allfallin.com。

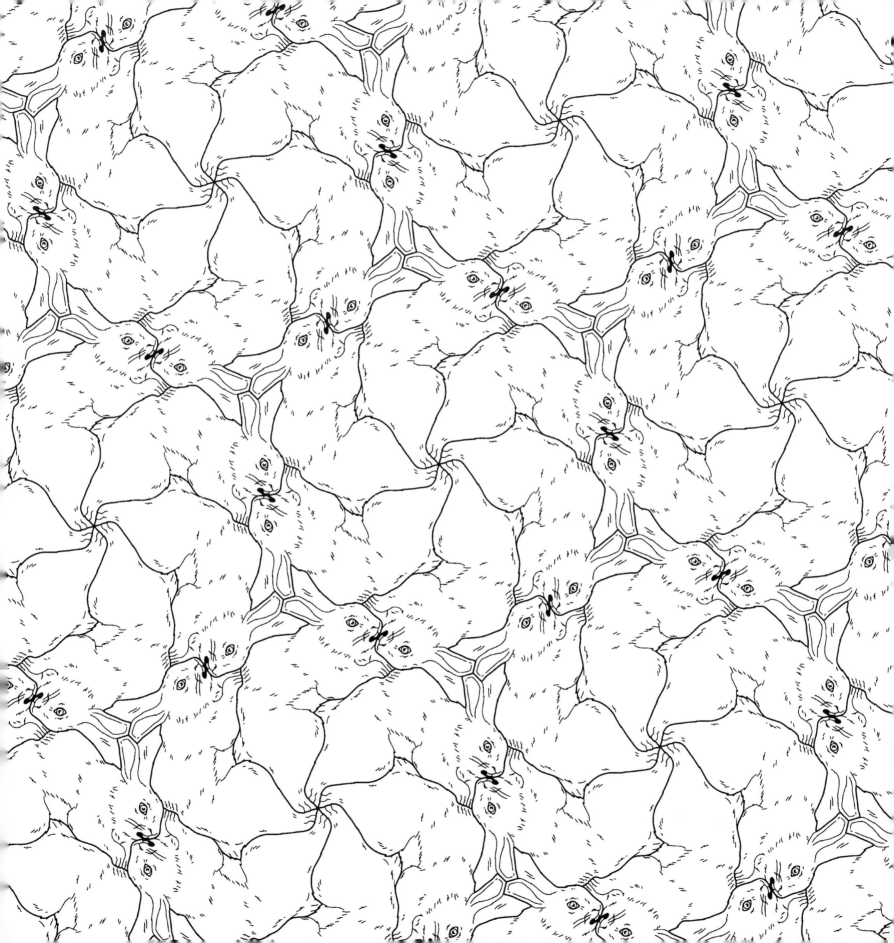

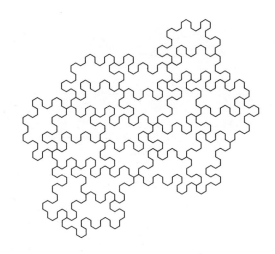

六角图

这些铺砖的每一块都是**六角图**,即上面这个图形是由完全相同的六边形组成的。此处每块铺砖都由16个六边形组成。发现该形状的约瑟夫·迈尔斯证明了至少需要20块这样的铺砖才能构成一个更大的形状(参见上图),使其自身可以周期平铺。目前尚不知道任何其他至少需要20块才能构成更大的可周期平铺成该形状的铺砖。

非周期平铺

一个平铺是非周期的，是指你无法将该图案平移至另一个位置，使之跟原图案完全吻合

彭罗斯风筝与飞镖

很多形状既可以周期平铺，也可以非周期平铺。20世纪70年代，罗杰·彭罗斯发现了很多组由两个形状构成的图案，它们**只能非周期（或者无周期）**平铺。他最著名的一组两个非周期铺砖是风筝与飞镖，如上图所示。为了能够非周期平铺，图中曲线在风筝和飞镖的拼接处必须能互相吻合。

七星

　　这个由三块独特的铺砖形状——每块都是一个在每条边上都带有朝内或朝外刻痕的菱形——所构成的图案是由哈伊姆·古德曼-斯特劳斯设计的。它具有七重对称性,即你可以将它绕着中心旋转到七个不同的位置,使之依然看起来一模一样。

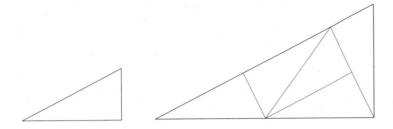

纸风车

约翰·何顿·康威设计了纸风车铺砖，它是由直边长度为1和2而斜边长度为$\sqrt{5}$的直角三角形组成的。它具有如下惊人的特性：当你向外平铺时，这些三角形会指向无穷多个方向。每个三角形都是由一组五个三角形所构成的具有相同比例的更大三角形的一部分。你能认出它们吗？

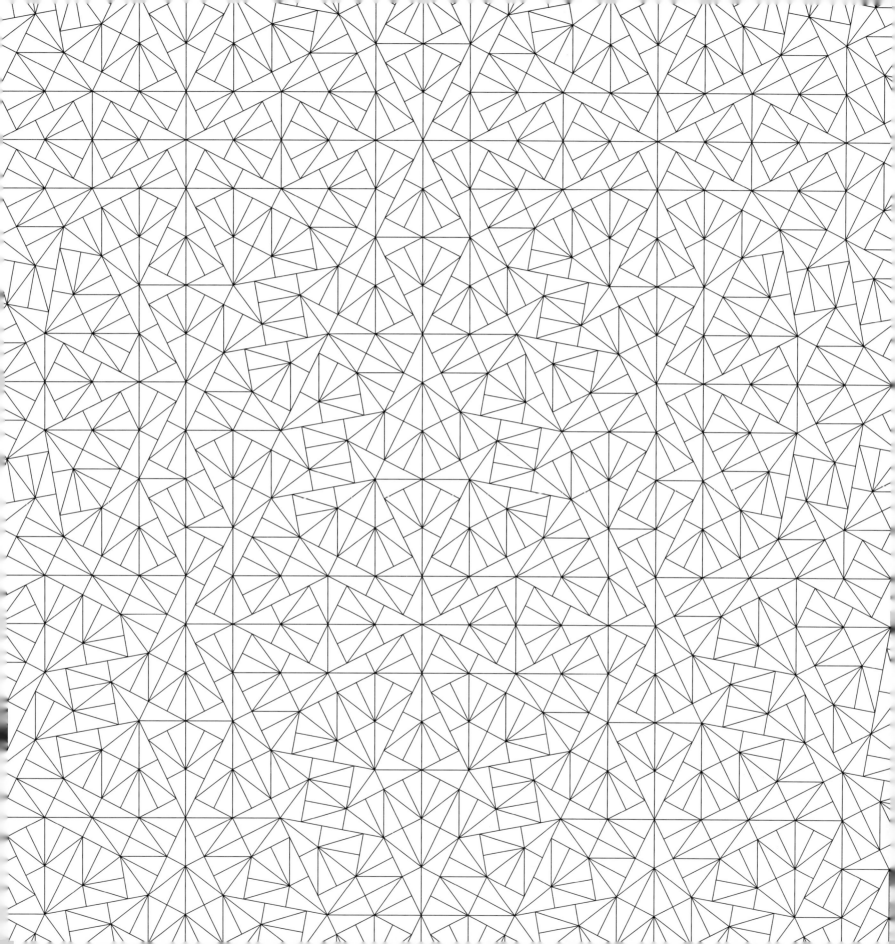

阿曼-宾克

在发现这块由一个正方形和一个菱形组成的铺砖时,业余数学家罗伯特·阿曼还是一个邮局的信件分类员。此铺砖图案也被职业数学家宾克独立发现过。这种平铺是非周期的,但后来被发现自然出现在某些类型的晶体中。在填色后它会具有一种令人印象深刻的三维效果。

螺旋铺砖

这种独特的铺砖以螺旋向外的方式铺满整个平面。在苹果馅饼上试试它吧!

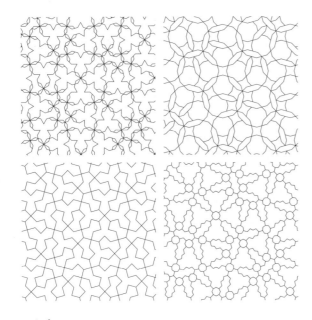

形变

　　形变是这样一种平铺：其中的铺砖缓慢变化，但保持同样的基础模式。最早的形变可见于荷兰数学艺术家莫里茨·科内利斯·埃舍尔的作品，只在一个维度上变化：从左到右，或从顶到底。在整个图案里，形变是二维的。埃德蒙德构造了四块不同的非周期铺砖，每块放在一个角上，使得它们从左到右以及从顶到底时互相变化。形变是跟"时间"艺术形式有密切关系的几何。通过观察形状在纸上从一边到另一边的转变，你完全能从图案中得到这样一种感觉。

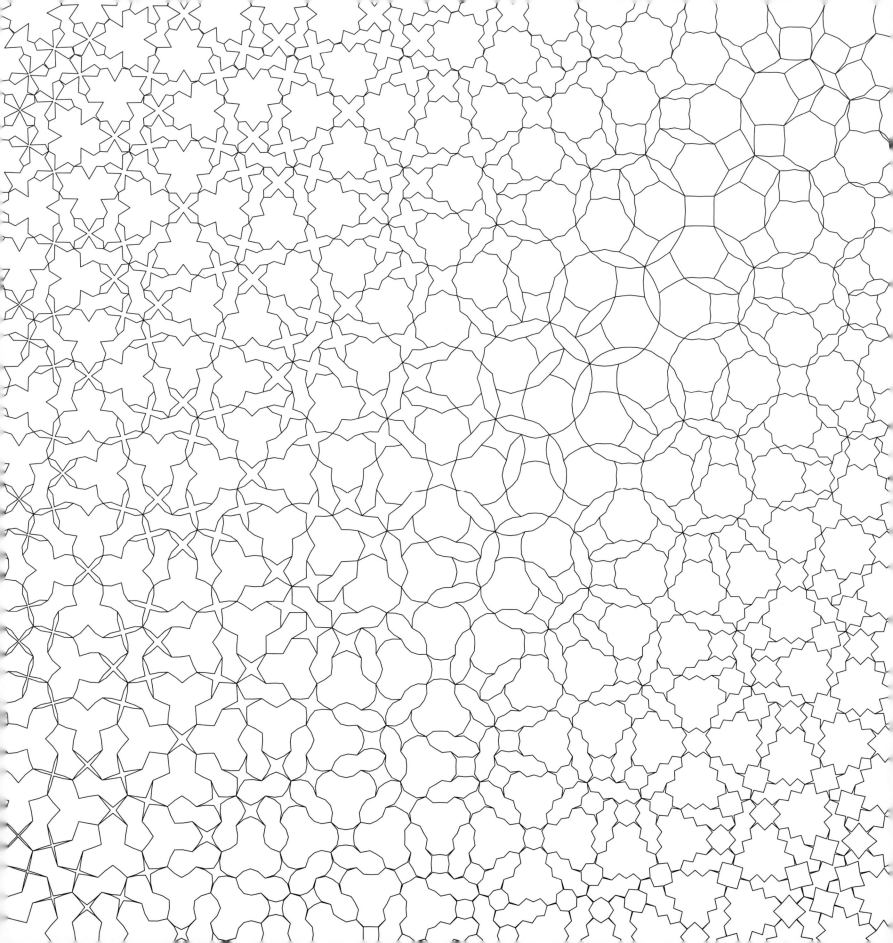

纽　　结
一个数学纽结是数学弦的一个闭圈

以下是七种最简单的纽结。三叶形纽结具有三个交叉点。只有一种纽结具有四个交叉点。两种纽结具有五个交叉点，三种具有六个交叉点。

纽结不简单

在右边，设计你自己的纽结：你来决定弦是从上面还是从下面穿过自身。

机械曲线
由机械画的曲线

长短辐圆内旋轮线

还记得万花尺,那套用来制作装饰性螺旋的工具吗?此图是万花尺型曲线,可通过沿着半径为33的圆形轨迹内部滚动半径为21的圆,并将钢笔置于距滚动圆的圆心8单位处画线而制成。

利萨如图

这个环状曲线——看上去像凯尔特结——是由一个同时在两个垂直的方向来回摆动一支钢笔的机器绘成的。在这个图中,南北摆幅与东西摆幅之比为5∶6。由垂直摆动所绘成的图是以法国数学家朱尔·安托万·利萨如命名的,叫作利萨如图。

多面体

由多边形构成的三维立体

多边形是一个具有直边的二维形状，例如三角形、四边形等。**正**多边形具有完全相等的边和完全相等的角，例如等边三角形、正方形等。

多面体是由多边形构成的三维形状。只有五种正多面体，其面是完全相同的正多边形，且在其每个顶点处有同样数量的面相交。

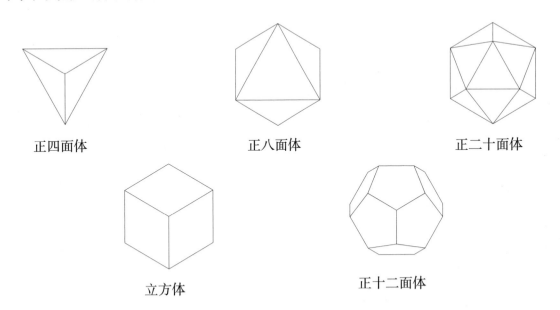

正四面体　　　　　　　正八面体　　　　　　　正二十面体

立方体　　　　　　正十二面体

正四面体星星

用一种对称的方式来交叠五个正四面体。如果你把顶点连起来，就会得到一个正十二面体。

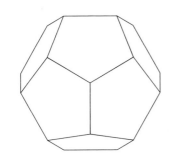

星形与扭棱

这两种形状都是从正十二面体（见上图）开始的。将每个面都延伸成一个五角星形，就得到了星形正十二面体。这个也可以被视为是在每个面上加了一个以五边形为底的金字塔。

用三角形包围每个面，可以得到扭棱十二面体。扭棱十二面体是13种**阿基米德多面体**之一，阿基米德研究过这些通过用不同的正多边形交于同一个顶点所得到的多面体。

疯狂的骰子

疯狂的名字！鸢形二十四面体和鸢形六十面体的面都是完全相同的不规则四边形（鸢形），从而可以用作绝佳的骰子。

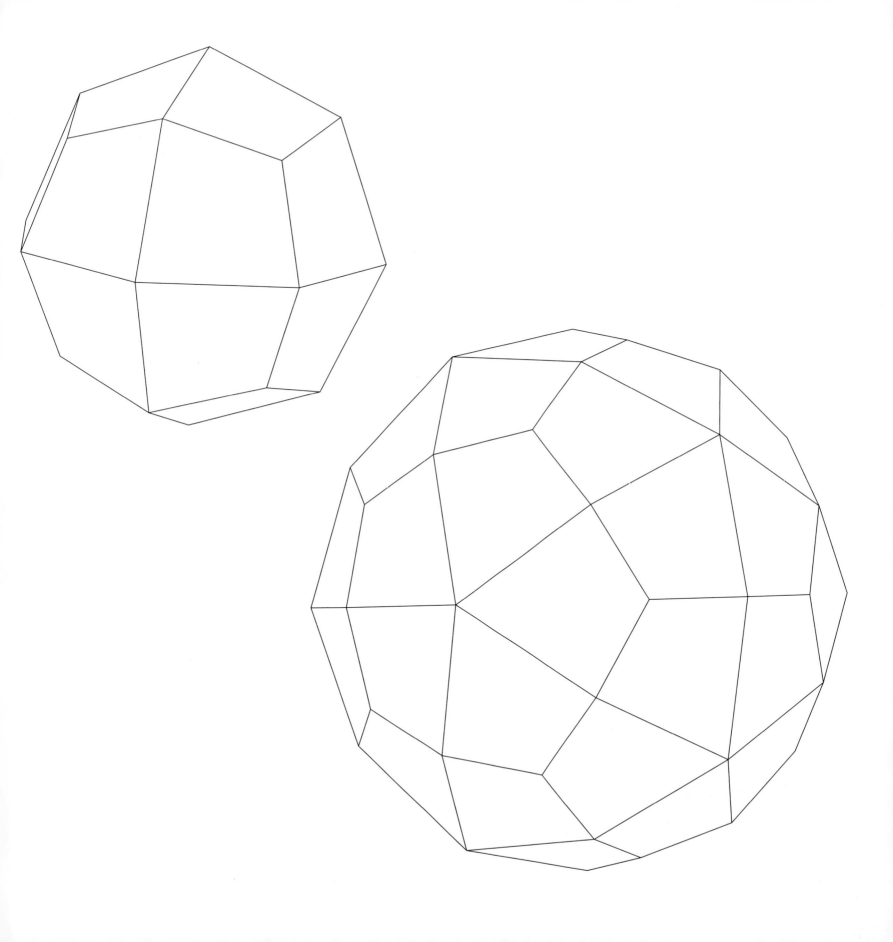

二十面体地图

计算机程序员罗伊斯·纳尔逊在正二十面体上画线，然后将这个三维中的曲面映射到平面纸张上。通常他喜欢用计算机制作魔方类的智力游戏（见www.gravitation3d.com/magictile）。

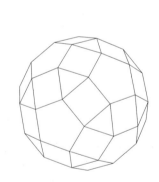 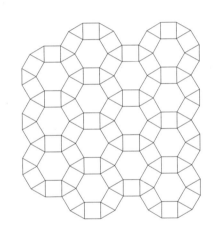

七边形平铺

上面左边这个图形，通过在五边形的每条边上粘一个正方形、在其每个顶点处再粘一个三角形所得到的三维立体叫作**小斜方截半二十面体**。（我也不知道为什么这么叫它。）如果你把五边形换成六边形，将会得到上面右边那个漂亮的平铺。

现在再把六边形换成七边形。新图案将没法平铺整个平面……但它能平铺一种弯曲平面——我们称它为**双曲空间**。在平直的纸上面画这种新几何的方法之一是**庞加莱圆盘模型**。在这种平铺里，距离中心越远的地方铺砖看起来越小（虽然在双曲空间里它们都是一样大的）。

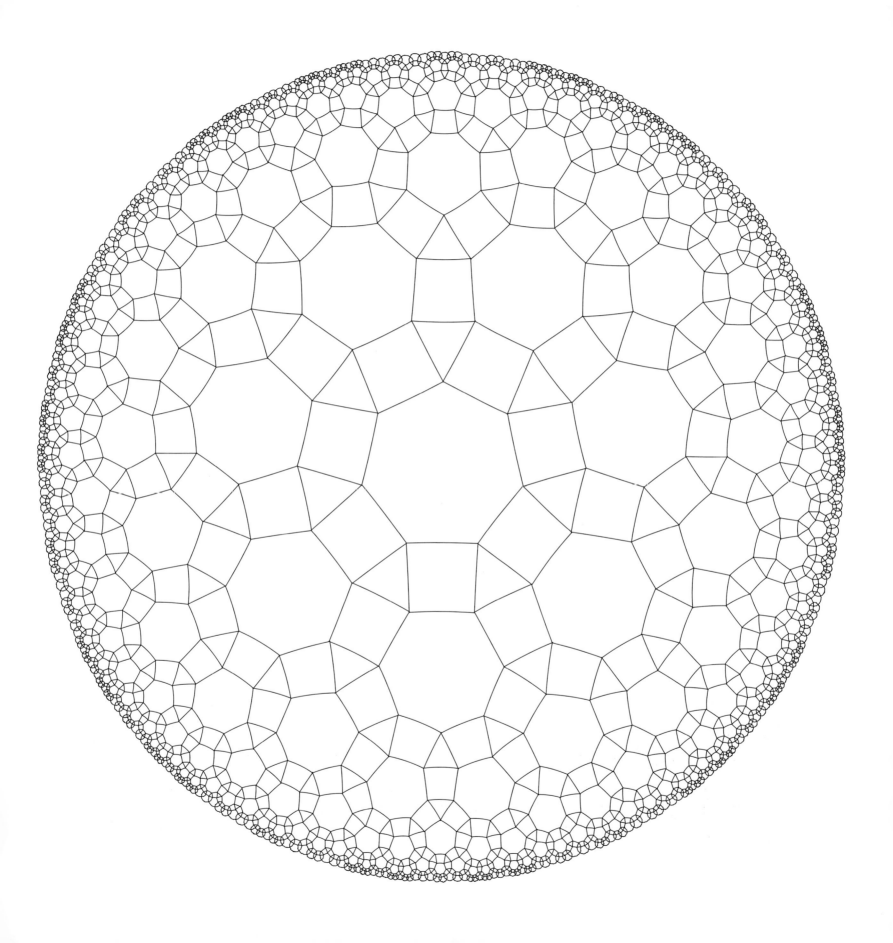

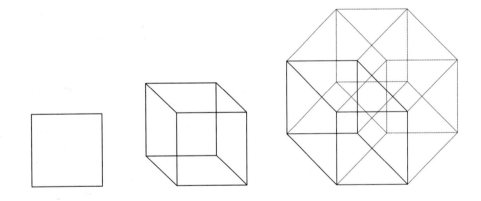

超立方体

一维的直线有两个端点，二维的正方形有四条直边，三维的正方体有六个正方形面。

四维的立方体——**超立方体**有八个立方体面。但因为我们看不见四维，我们只能看到超立方体在二维（像这里一样）或三维的"阴影"。在阴影图像中八个立方体面看上去被压扁了。在上图中，我们用粗线突出了一个立方体面。

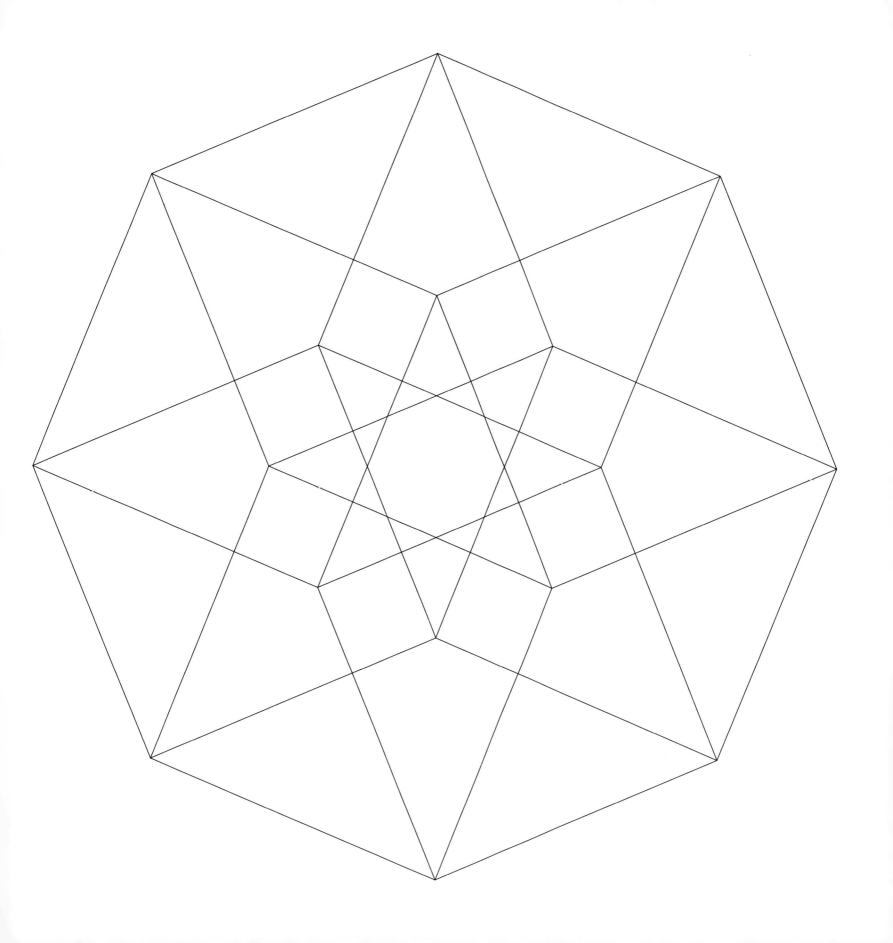

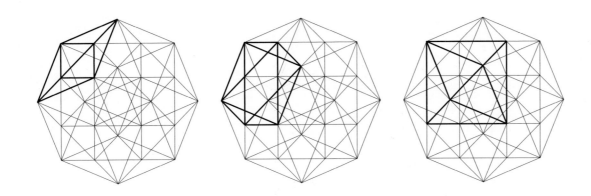

复正八面体

正二十四胞体,又称为**复正八面体**,是另一种四维图形,表面为24个正八面体。此图是它投射到二维的阴影。24个压扁的正八面体分成了三"族";在上图中,每类中均有一个用粗线突出了。

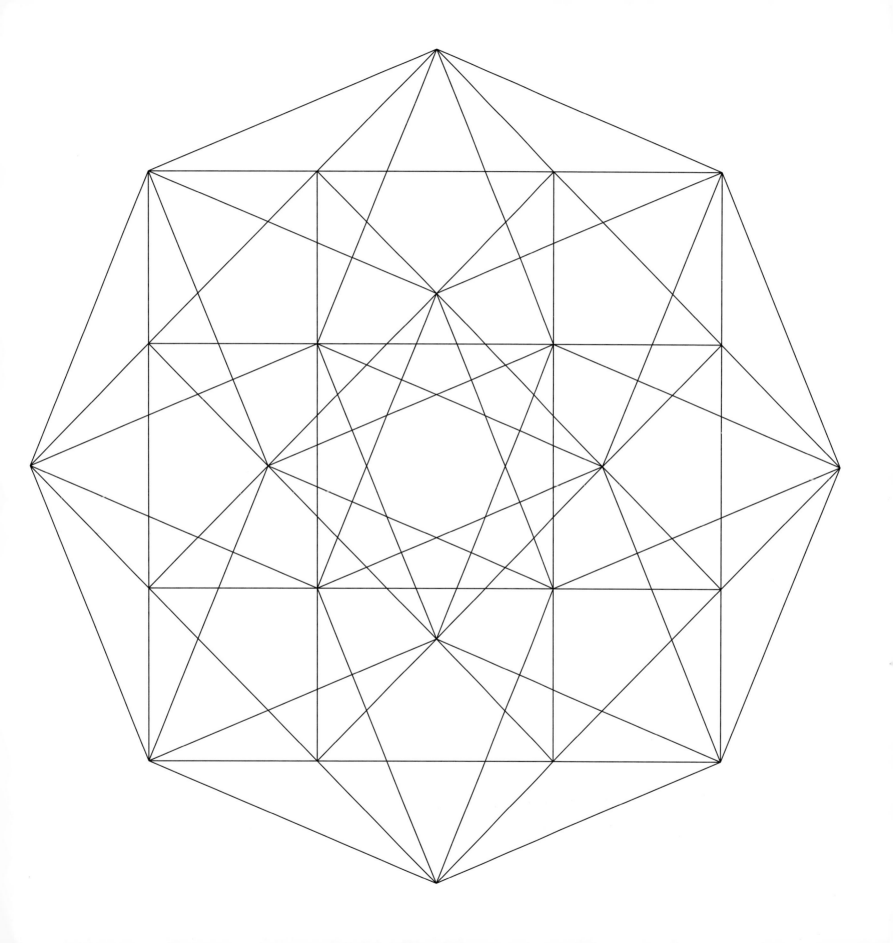

复正十二面体

复正十二面体，又称**正一百二十胞体**，是一个拥有120个正十二面体作为其表面的四维图形。这里显示了两个不同的二维投影，各依赖于投影的角度。

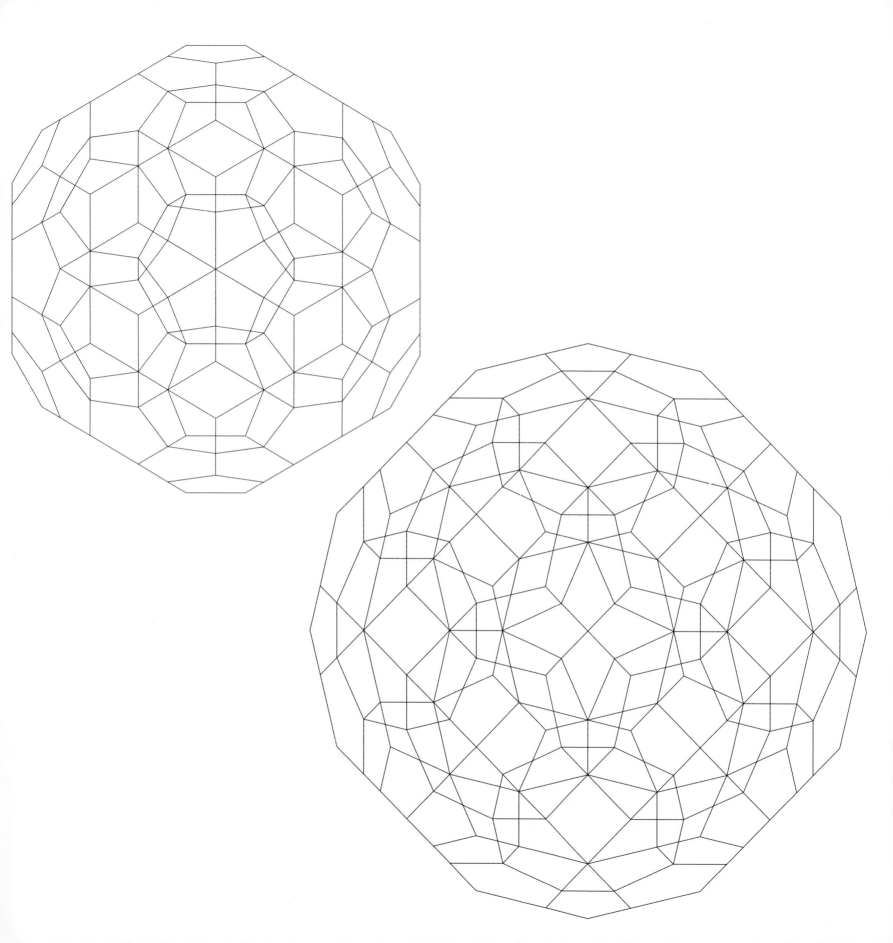

布里渊区

布里渊区是一种模拟晶体内部结构的方式。下页两个图是由剑桥大学理论与数学物理教授罗恩·霍根所作的。他还给出了如下着色建议：选一种颜色涂中心正方形，换第二种颜色涂所有跟中心正方形有公共边的几何形，然后用第三种颜色涂所有那些跟上述那些几何形有公共边的几何形，以此类推。

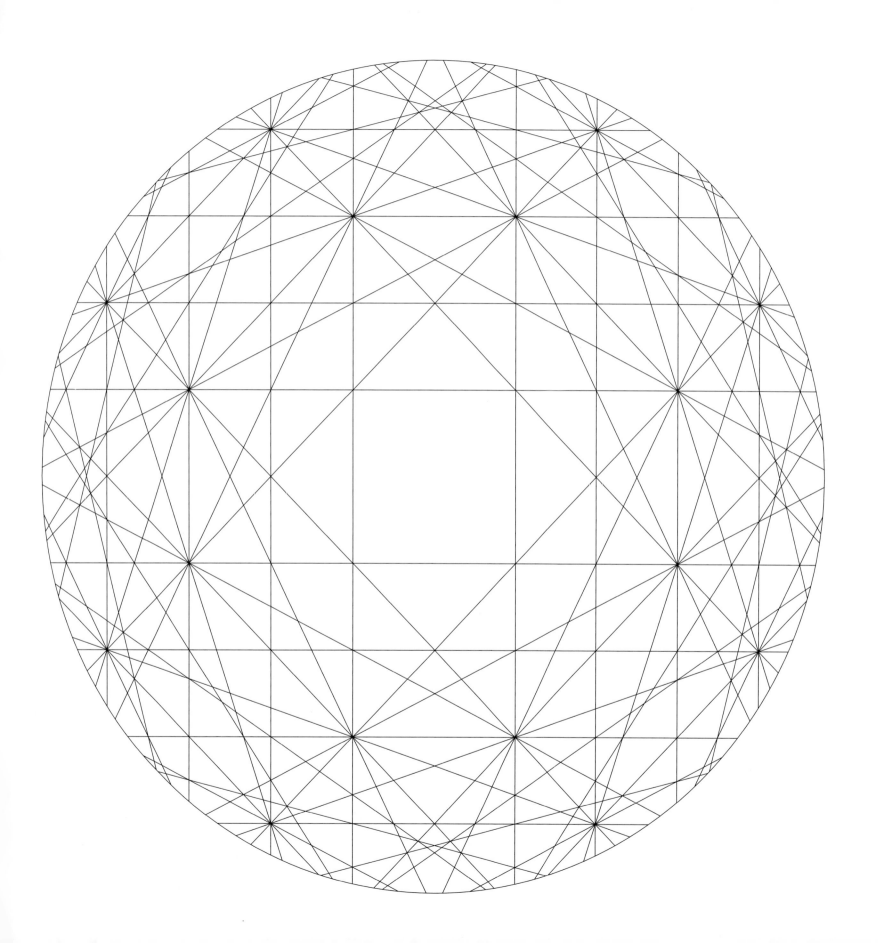

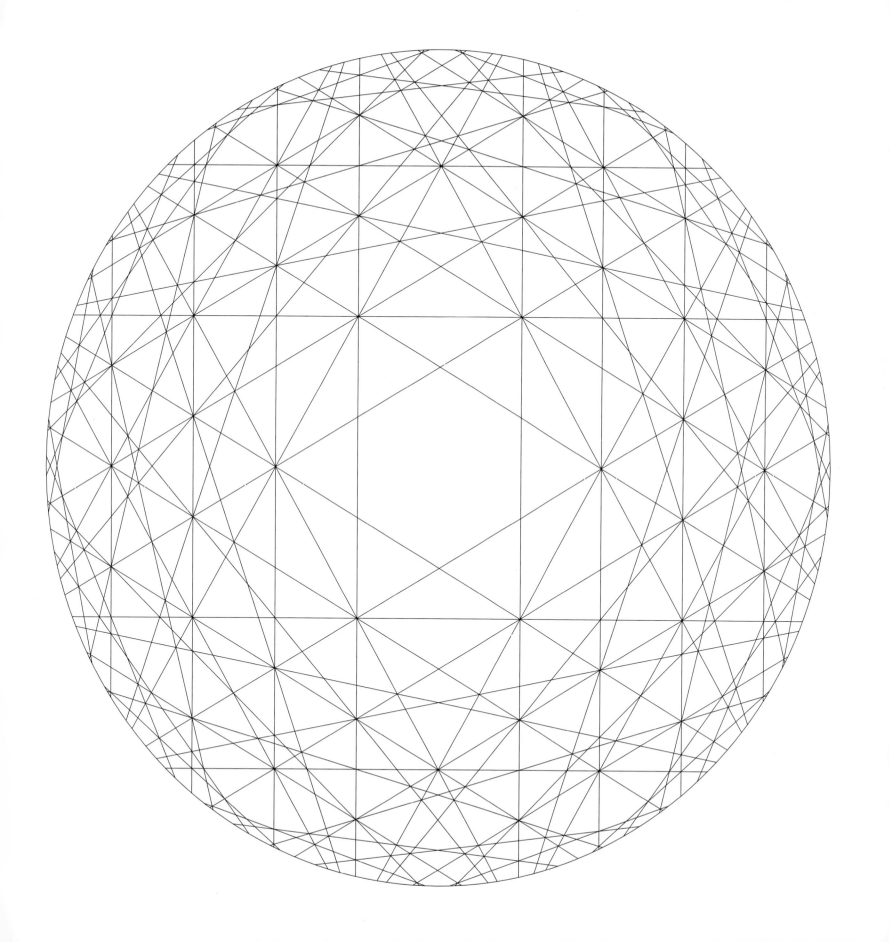

均 衡

具有有趣比率的图形

向日葵

黄金比是（精确到小数点后3位）1.618∶1。若你将360°分成两个角，使其比值为1.618∶1，其中较小的角即137.5°称为**黄金角**。向日葵是大自然中黄金角最了不起的展示。向日葵从中心开始以连贯的137.5°角向外结籽，每产生一颗新籽，原有的籽就被向外推动一格。在我们这里，"籽"是三角形。

鹦鹉螺

如果你想让胞腔呈螺旋式增大，使得每一个胞腔都比前一个大——但总是保持同样的比例——你将会得到像鹦鹉螺贝壳的图形。这类螺旋也见于葵花籽头、宝塔花菜、花椰菜小花、松球、龙卷风和银河系。在这个图中，沿着螺旋每转90°，胞腔宽度增加1.4倍。其他比例将会产生螺旋的其他不同表现形式。

黄金长方形

斐波那契数列——1，1，2，3，5，8，…，满足这样一个规律：每个新的项都是前两项之和。例如，1+1=2，1+2=3，…。这个图中正方形的边长遵循斐波那契数列。比如说，最小的正方形边长为1。它们成对出现。一个边长为2的正方形放置在它们旁边，形成了一个长方形。该长方形旁边放一个边长为3的正方形，形成了一个更大的长方形。接着是边长为5的正方形，然后是边长为8的正方形，等等。每增加一个正方形，我们所建立起来的长方形的边长比都会更加接近于黄金比1.618∶1，所以它们通常称为**黄金长方形**。

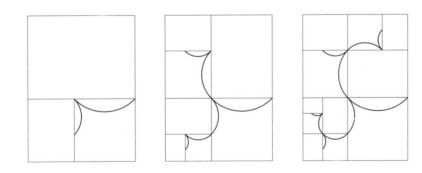

哈里斯螺旋

　　埃德蒙德从一个长方形开始,将之分成三块:两个小一点的、具有跟原长方形相同长宽比的长方形,以及一个正方形。然后他把那些长方形用相同的方式继续划分。这就是所产生的螺旋——埃德蒙德最珍视的发现。

带方格图案的正方形

将一个正方形划分成很多个小正方形，使得每个小正方形的边长都是整数

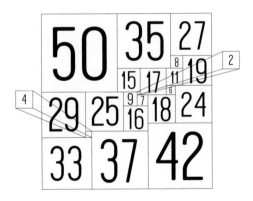

完美正方形

在一个"完美的"带方格图案的正方形中，每个小正方形都有不同的边长。1978年，荷兰数学家A. J. W. Duijvestijn发现了一种由21个小正方形组成的完美带格正方形。没有任何一个完美带格正方形所含小正方形比它更少了。上面的图标明了每个小正方形的边长。

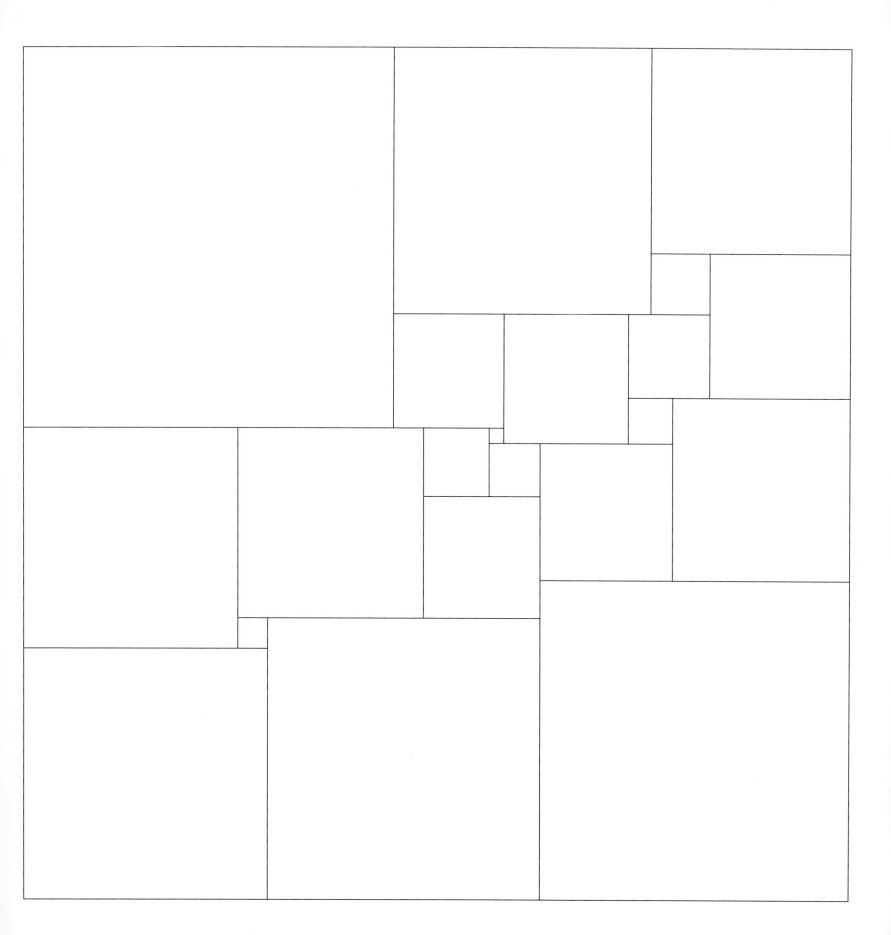

互 素 数 对

若1是仅有的可同时除尽两个数的数,那我们称这两个数是互素的,或者是相对素的

互素图

4与9是互素的,但4与10不是互素的,因为它们都可以被2除尽。这个图是一个坐标图,其中只有当 (x, y) 互素时相应的点才被标记。所以 $(4, 9)$ 处标记了一个圆圈,但 $(4, 10)$ 处是空白的。最底下一行最左边的圆圈代表 $(1, 1)$。

随 机 性
基于随机选择的图案

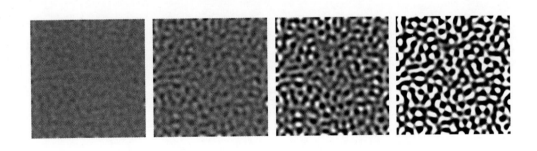

原始汤
每个像元都随机赋予了一种灰度,然后图像反复地先通过一个模糊滤镜,之后再通过一个锐化滤镜。渐渐地,有趣的图形就出现了。

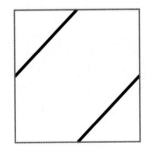 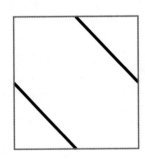

疯狂迷宫

我们从一个由正方形组成的网格开始,随机地在每个正方形上放入上面两种铺砖之一。结果会是一个简单的迷宫。

空间填充曲线

最终能填满平面中一个区域的曲线

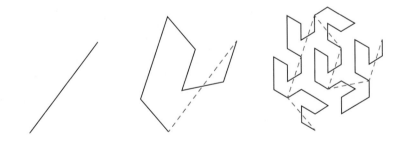

三条"贪吃蛇"

从一条线开始,把它替换成由六条短点的线段构成的"之"字形曲线,如上图所示。接着把其中的每根线段都替换成同样的"之"字形曲线(最长的线段替换成两个"之"字形曲线)。再重复一次,你将得到一条曲线。本图是由三条这样的曲线连在一起而作成的。这样的曲线称为"贪吃蛇",是由比尔·高斯珀发现的。

在这条曲线上用多少次"之"字形曲线迭代是没有限制的。迭代的次数越多,所得到的曲线就越长。迭代过无穷多次之后,这条曲线将会覆盖平面上一个区域内的所有点。

维 恩 图

维恩图展现了两个或多个集合之间
所有可能的交叠

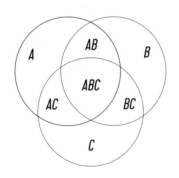  

赛维恩

三个集合的维恩图可由三个互相交叠的圆表示，见上图。要想表示超过三个集合之间所有可能的交叠，我们得用别的图形。五个集合的维恩图可以用椭圆。七个集合的维恩图需要用一个看上去像乌贼或者幽灵的奇怪形状。上图中，我们将其中之一用粗线标示了。

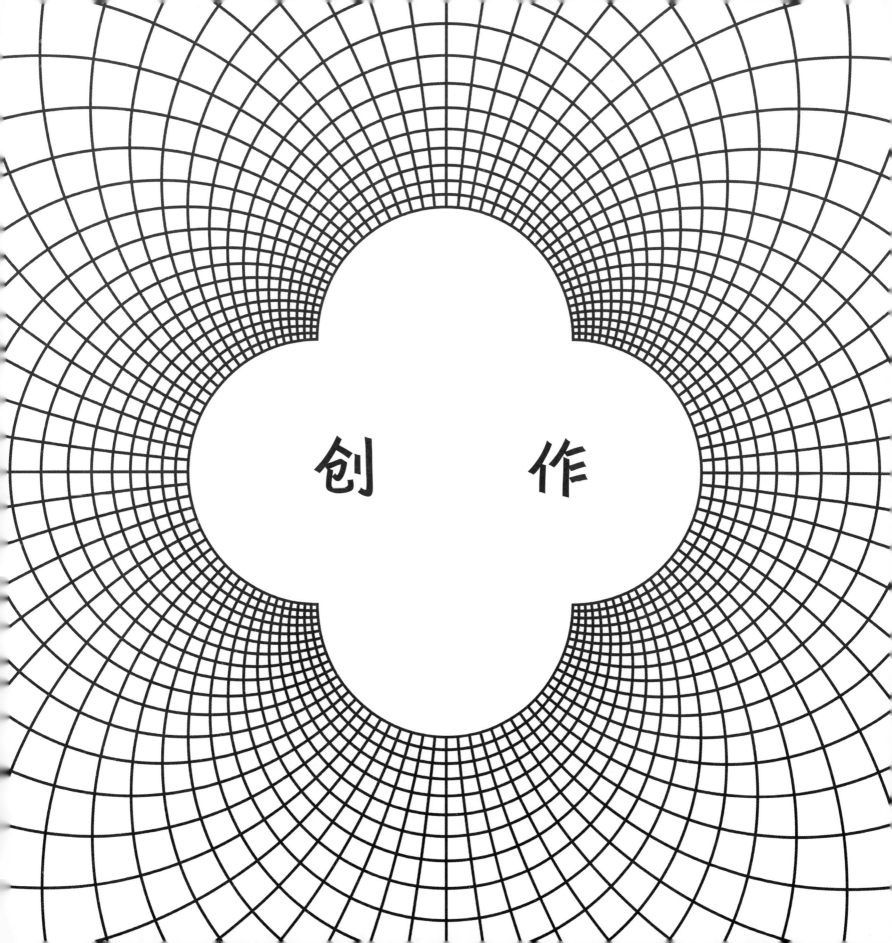

随 机 性
基于随机选择的图案

硬币魔法

对每个六边形,都通过投一次硬币的方法来决定它的颜色。对于正面都用一种颜色,对于反面都用另一种颜色。

此处的要点在于你应完全随机地对六边形着色。但如果你凝视该图形,就会发现一些图案。这提醒我们随机性是非常难以理解的。

骰子漫步

数字1~6表示图例中的六个方向（见右图），同时也代表六种颜色。（你会发现若先在图例上着色会更容易。）

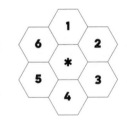

从网格中间的一个六边形开始。掷一次骰子。移动到该数字代表的六边形上并将它涂上相应颜色。重复上述过程。如果你到达了一个已经着色的六边形，就再掷一次骰子。

你醒过来，醉在灯柱边，朝着六个方向之一蹒跚着走了一小段路。你摔倒了。你又醒过来，又朝六个方向之一蹒跚着走了同样的距离。最终所得到的结果称为醉汉走路，或者随机游走。在这里我们是通过每次掷骰子决定方向来模拟它的。该路径会逐渐远离灯柱，但依然会时不时地折回。事实上，数学上可严格证明，随机游走一定会回到原点，虽然这可能需要很多年，而且醉汉可能已经经历了海量的迂回。

π = 3.1415926535897932384626433832795028841971693993751058209749445923078164062862089986280348253421170679821480865132823066470938446095505822317253594081284811174502841027019385211055596446229489549303819644288109756659334461284756482337867831652712019091456485669234603486104543266482133936072602491 4127 …

π路径

数字0~9代表右边图例中的方向。为每个方向选取一种颜色。从中间的点开始，对π的每位数字（见上面），我们沿着该数字对应的方向画一条短线段（大约1.3厘米长）。也就是说，我们最开始是在3对应的方向用3对应的颜色画一条线段，然后在其末端处朝着1的方向用1对应的颜色继续画一条新的线段，以此类推。

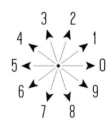

大家都知道π这个数学中最有名的数字。它是圆周长与直径的比值（即绕圈距离与横穿距离的比值）。当被写成十进小数时，π是无序混乱数字的无限延伸。对π的兴趣来自于如下事实：它的定义是如此之简单，但它的数值却是如此难以预料。这个路径图会让你感觉到π的神秘混沌性。

头　　　　　　　　　　　　　　　　　　　　　　尾

高尔顿钉板

　　从最上方的点开始。掷一枚硬币。如果是正面朝上，就画一条到左下方那个点的线；如果是反面朝上，就画一条到右下方那个点的线。再掷一次硬币，重复上述过程，直到到达底部为止。然后换一种颜色，再从顶部开始——你想玩几次就玩几次。

　　著名的维多利亚时代科学家弗朗西斯·高尔顿爵士设计了一个弹子球游戏机，即高尔顿钉板。它含有一行行的钉子，每行都跟上面一行错开钉子间距的一半。一个小球从顶端掉下，一路弹跳到底，中间在每一行都会碰到一个钉子，之后要么向左要么向右，随机落下。高尔顿的目的在于说明多条随机路径的相对似然性。

拉 丁 方

一个正方形网格，其中每个对象在每行和每列

都正好出现一次

数独是最有名的一类拉丁方。它有九行和九列，中间需要填上数字1到9。接下来是两个你可以在早餐时"解答"的**彩色数独**：一个15×15的网格和三个重叠的9×9的网格！

拉丁方不是对称的，但它们仍然是完全均衡和协调的。它们可用于制作精美的被子。

2	1	3	7	13	11	12	6	5	10	14	9	8	15	4
5	4	6	10	1	14	15	9	8	13	2	12	11	3	7
1	3	2	9	15	10	11	5	4	12	13	8	7	14	6
11	10	12	1	7	5	6	15	14	4	8	3	2	9	13
6	5	4	11	2	15	13	7	9	14	3	10	12	1	8
9	8	7	14	5	3	1	10	12	2	6	13	15	4	11
10	12	11	3	9	4	5	14	13	6	7	2	1	8	15
3	2	1	8	14	12	10	4	6	11	15	7	9	13	5
13	15	14	6	12	7	8	2	1	9	10	5	4	11	3
12	11	10	2	8	6	4	13	15	5	9	1	3	7	14
14	13	15	4	10	8	9	3	2	7	11	6	5	12	1
4	6	5	12	3	13	14	8	7	15	1	11	10	2	9
7	9	8	15	6	1	2	11	10	3	4	14	13	5	12
15	14	13	5	11	9	7	1	3	8	12	4	6	10	2
8	7	9	13	4	2	3	12	11	1	5	15	14	6	10

巨型数独

为1~15中的每个数字选取一种颜色,然后根据上面的数字将颜色填充到下页的网格里。

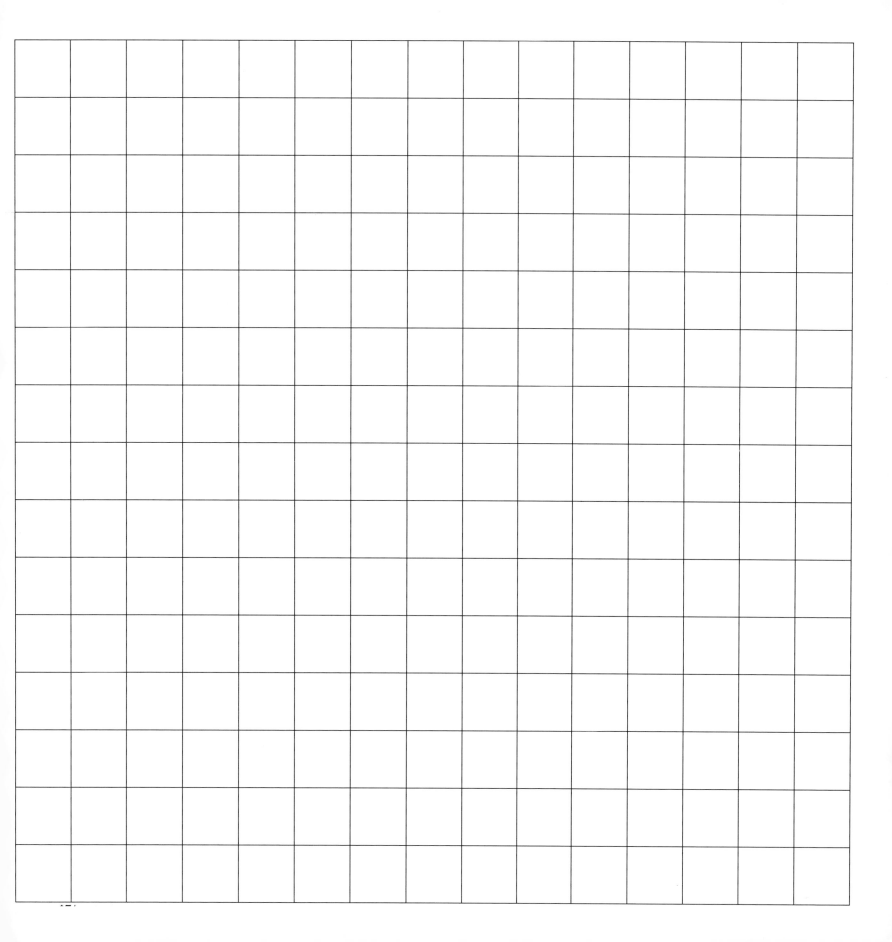

9 2 4	3 8 1	6 5 7	7 3 5	4 6 2	1 9 8	8 1 6	5 7 9	2 4 3
8 1 6	2 7 3	5 4 9	9 2 4	6 5 1	3 8 7	7 3 5	4 9 8	1 6 2
7 3 5	1 9 2	4 6 8	8 1 6	5 4 3	2 7 9	9 2 4	6 8 7	3 5 1
6 8 1	9 5 7	3 2 4	4 9 2	1 3 8	7 6 5	5 7 3	2 4 6	8 1 9
5 7 3	8 4 9	2 1 6	6 8 1	3 2 7	9 5 4	4 9 2	1 6 5	7 3 8
4 9 2	7 6 8	1 3 5	5 7 3	2 1 9	8 4 6	6 8 1	3 5 4	9 2 7
3 5 7	6 2 4	9 8 1	1 6 8	7 9 5	4 3 2	2 4 9	8 1 3	5 7 6
2 4 9	5 1 6	8 7 3	3 5 7	9 8 4	6 2 1	1 6 8	7 3 2	4 9 5
1 6 8	4 3 5	7 9 2	2 4 9	8 7 6	5 1 3	3 5 7	9 2 1	6 8 4

三数独

为1~9中的每个数字选取一种颜色，然后根据上面的数字将颜色填充到下页的网格里。

元胞自动机
一行按照一组规则演化的方格（"胞腔"）

增殖游戏

首先，随机着色顶行大约一半的胞腔。然后，用这个图例来对下一行进行着色：

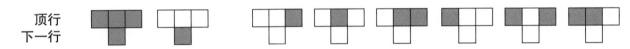

换而言之，只有在一个胞腔上面的三个胞腔都着色了或者都没有着色时，才将它着色。如果它上面三个胞腔有的着色了有的没有着色，则将它留空白。

所以，如果第一行是这样的：

那么下一样将是这样的：

对于新一行的第一个胞腔，要假想一下将上一行最后一个胞腔移到最前面来完成图例。

类似地，要假想一下将上一行第一个胞腔移到最后来完成新一行最后那个胞腔的图例。

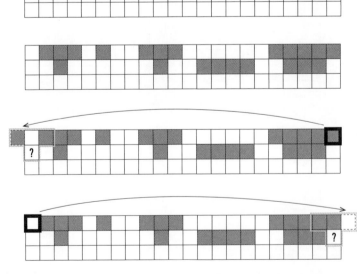

用同样的方式对后面的行进行着色，然后看着你的图案增长。（如果到了某行你发现几乎都是空白或者几乎都着色了，不要惊慌——继续下去，看看会发生什么！）

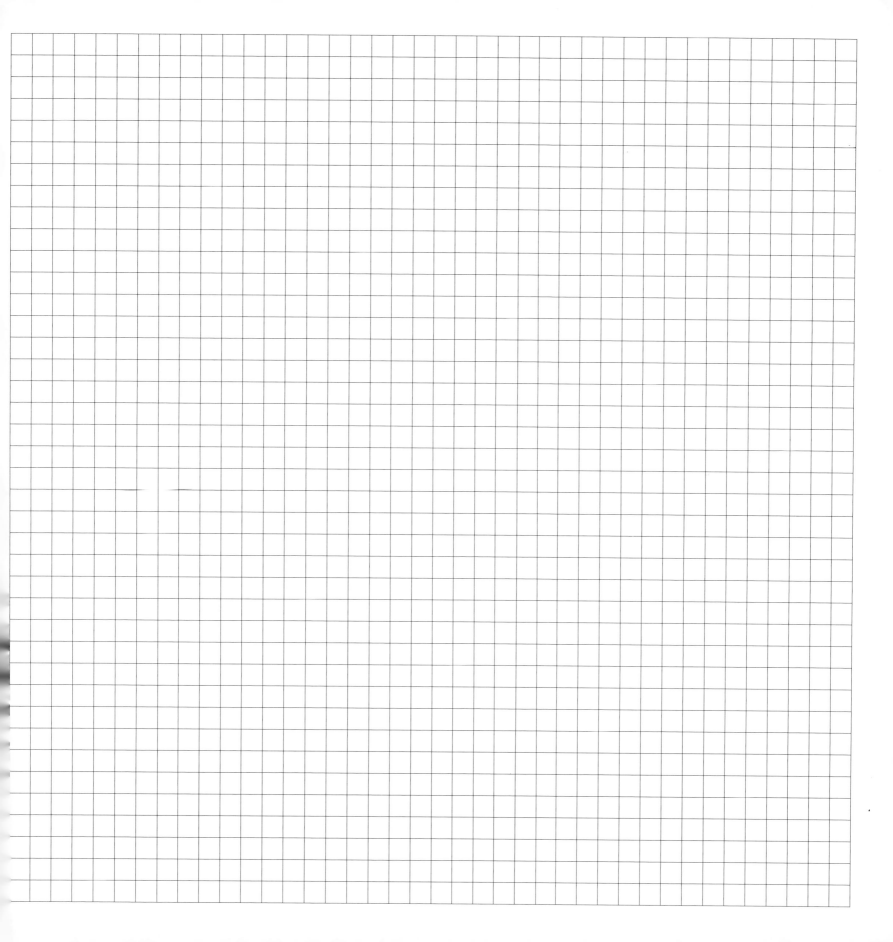

圆锥曲线
当你切圆锥时得到的曲线

这里，只使用直线，你将画出两条这样的曲线，即抛物线与双曲线。

抛物线

将沿着两条相邻的相交直线等距分布的点连接起来就产生一条抛物线。沿着这个轮状物顺时针方向，用一把直尺连接匹配的数字。每根辐条仅仅与两条最近的辐条相连。

1 2   3   4   5   6   7   8   9   10   11   12   13   14 15 16

1 | 9,13 8,14 7,15 6,16 5,15 4,14 3,13 2,12 1,11 2,10 3,9 4,8 5,7 6
11
10,12

双曲线

如果你将双曲线绕着轴旋转就得到双曲面，即一个三维空间里的对象。用一把直尺根据数字连接底行与顶行的点。除了最开始和最后的点，底行每个点都跟顶行两个点相连。

素 数

素数——2，3，5，7，11，13，…——是那些

只能被1和其自身整除的数

1963年，美籍波兰数学家斯塔尼斯拉夫·乌拉姆将自然数（1，2，3，…）螺旋式放入网格中，然后标亮其中的素数。这样产生的图案极其迷人，因为它揭示了素数的一个隐藏的秩序：它们看上去位于同样的一些线上。在下一页你可以亲自试试。还没有哪一个图能如此体现数学的神秘性。

16	15	14	**13**
5	4	**3**	12
6	1	**2**	**11**
7	8	9	10

400	399	398	**397**	396	395	394	393	392	391	390	**389**	388	387	386	385	384	**383**	382	381
325	324	323	322	321	320	319	318	**317**	316	315	314	**313**	312	**311**	310	309	308	**307**	380
326	**257**	256	255	254	253	252	**251**	250	249	248	247	246	245	244	243	242	**241**	306	**379**
327	258	**197**	196	195	194	**193**	192	**191**	190	189	188	187	186	185	184	183	240	305	**378**
328	259	198	145	144	143	142	141	140	**139**	138	**137**	136	135	134	133	182	**239**	304	377
329	260	**199**	146	**101**	100	99	98	**97**	96	95	94	93	92	91	132	**181**	238	303	376
330	261	200	147	102	65	64	63	62	**61**	60	**59**	58	57	90	**131**	180	237	302	375
331	262	201	148	**103**	66	**37**	36	35	34	33	32	**31**	56	**89**	130	**179**	236	301	374
332	**263**	202	**149**	104	**67**	38	**17**	16	15	14	**13**	30	55	88	**129**	178	235	300	**373**
333	264	203	150	105	68	39	18	**5**	4	**3**	12	**29**	54	87	128	177	234	299	372
334	265	204	**151**	106	69	40	**19**	6	1	**2**	**11**	28	**53**	86	**127**	176	**233**	298	371
335	266	205	152	**107**	70	**41**	20	**7**	8	9	10	27	52	85	126	175	232	297	370
336	267	206	153	108	**71**	42	21	22	**23**	24	25	26	51	84	125	174	231	296	369
337	268	207	154	**109**	72	**43**	44	45	46	**47**	48	**49**	50	**83**	124	**173**	230	295	368
338	**269**	208	155	110	**73**	74	75	76	**77**	78	**79**	80	81	82	**123**	172	**229**	294	**367**
339	270	209	156	111	112	**113**	114	115	116	**117**	118	**119**	120	121	122	171	228	**293**	366
340	**271**	210	**157**	158	159	160	**161**	162	**163**	164	165	166	**167**	168	169	170	**227**	292	365
341	272	**211**	212	213	214	215	216	217	218	219	220	221	222	**223**	224	225	226	291	364
342	273	274	275	276	**277**	278	**279**	280	**281**	282	**283**	284	285	286	287	288	289	290	363
343	344	345	346	**347**	348	**349**	350	351	352	**353**	354	355	356	**357**	358	**359**	360	361	362

乌拉姆螺旋

用上面的图例来给下页的网格着色。注意仅仅给素数（上面用黑体标明）着色，或者给素数着上特殊颜色以突出它们。

空间填充曲线

最终能填满平面中一个区域的曲线

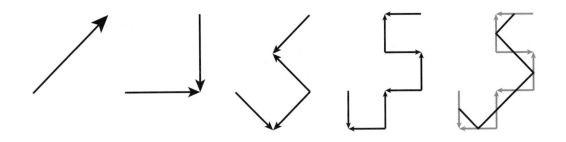

龙形曲线

按照数字顺序连接圆点。

从一条线出发,将之替换成两条交成直角的两条较短的线。再将它们替换成更短的线。如果你这样做几次,然后把中间点连起来(如上面最后一步中较深的线所示),你将会作出和书中一样的图案。龙形曲线是由迈克尔·克莱顿普及的,他把它用于《侏罗纪公园》的章节标题页。

贪吃蛇

按照数字顺序连接圆点。（关于此曲线进一步的内容，可参见"着色"那节的"三条'贪吃蛇'"条目。）